Sandeep Sirohi
Sugandha Agarwal

Extração e otimização de poli-β-hidroxibutirato em Pseudomonas

Sandeep Sirohi
Sugandha Agarwal

Extração e otimização de poli-β-hidroxibutirato em Pseudomonas

ScienciaScripts

Imprint

Any brand names and product names mentioned in this book are subject to trademark, brand or patent protection and are trademarks or registered trademarks of their respective holders. The use of brand names, product names, common names, trade names, product descriptions etc. even without a particular marking in this work is in no way to be construed to mean that such names may be regarded as unrestricted in respect of trademark and brand protection legislation and could thus be used by anyone.

Cover image: www.ingimage.com

This book is a translation from the original published under ISBN 978-620-2-31406-0.

Publisher:
Sciencia Scripts
is a trademark of
Dodo Books Indian Ocean Ltd. and OmniScriptum S.R.L publishing group

120 High Road, East Finchley, London, N2 9ED, United Kingdom
Str. Armeneasca 28/1, office 1, Chisinau MD-2012, Republic of Moldova, Europe
Printed at: see last page
ISBN: 978-620-8-01677-7

COTAÇÃO

"O sucesso nunca pode ser alcançado sem a orientação correta".

Nada de concreto pode ser alcançado sem uma combinação óptima de inspiração e transpiração. Nenhum trabalho pode ser concluído sem ser guiado por impulsos. Só a crítica do intelectual brilhante ajuda a transformar o produto.

Gostaria de agradecer ao **Dr. Mayank Garg**, **Diretor do** Instituto de Engenharia e Tecnologia de Meerut, e a **Ajay Kumar Sharma**, **Diretor** do Departamento de Biotecnologia do Instituto de Engenharia e Tecnologia de Meerut, pela sua amável cooperação e encorajamento, que me ajudaram a concluir este trabalho.

Sinto-me privilegiado por poder expressar a minha sincera gratidão e devo um enorme reconhecimento aos meus colegas, especialmente ao **Dr. D. V. Surya Prakesh** e à **Dra. Anita Rawat**, pela sua ajuda e orientação neste trabalho de projeto. O apoio generoso de todo o pessoal do Departamento de Biotecnologia é muito apreciado. Agradeço à minha família o seu apoio moral e sacrifício pessoal para me ajudar neste trabalho de projeto.

Acima de tudo, porém, estou grato a Deus Todo-Poderoso, cuja bênção me tem acompanhado ao longo de todos os meus dias e para sempre.

Dedicado à minha querida família

CAPÍTULO 1
INTRODUÇÃO

1.1 PLÁSTICO:

Os plásticos são utilizados em quase todas as áreas da indústria transformadora, desde a indústria automóvel à medicina, e tornaram-se parte integrante da vida quotidiana, uma vez que são um dos polímeros mais baratos disponíveis para uso doméstico e industrial. Os plásticos são muito vantajosos, uma vez que a sua estrutura pode ser manipulada quimicamente como polímeros sintéticos, dando-lhes uma vasta gama de resistências e formas. Têm um peso molecular de 50.000-1.000.000Da (Madison e Huisman, 1999*).* Os polímeros sintéticos polietileno, cloreto de polivinilo e poliestireno são amplamente utilizados no fabrico de plásticos.

Propriedades como a impermeabilidade à água e a flexibilidade são suficientes para produzir folhas finas com boa resistência à tração. A durabilidade e a resistência à degradação são propriedades desejáveis quando os plásticos são utilizados. Têm uma elevada resistência química e são mais ou menos elásticos, razão pela qual são populares em muitos bens duradouros, na eliminação de resíduos e como material de embalagem. O que torna os plásticos indesejáveis é a dificuldade da sua eliminação. Uma vez que os plásticos são xenobióticos, são difíceis de degradar por via microbiana (Flechter, 1993). O tamanho molecular demasiado grande parece ser a principal razão da resistência destes materiais à biodegradação e da sua longa persistência no solo e na água (Atlas, 1993).

Nos últimos anos, aumentou a preocupação do público com os efeitos nocivos dos plásticos petroquímicos no ambiente. Os mecanismos internos da natureza e a sua capacidade de autorregulação não conseguem lidar com estes novos poluentes, uma vez que lhe são estranhos. Este facto levou muitos países a começar a desenvolver plásticos biodegradáveis. Estima-se que são produzidos mais de 100 milhões de toneladas de plástico por ano. O consumo per capita de plásticos é de 80 kg nos Estados Unidos da América, 60 kg nos países europeus e 2 kg na Índia (Kalia *et al.,* 2000).

Os processos de gestão dos resíduos de plástico podem ser classificados da seguinte

3

forma:

- Combustão
- Enchimento de terras e descargas no mar
- Reciclagem
- Substituição

A incineração, onde quer que seja efectuada, provou ser o pior método de tratamento de resíduos de plástico. A poluição gasosa resultante inclui gases poluentes e tóxicos, como o cianeto de hidrogénio, o monóxido de carbono e outros organocianetos nocivos. Além disso, a recolha de resíduos de plástico e a sua incineração requerem mão de obra e dinheiro. Por conseguinte, a incineração não é uma solução viável para este problema.

A utilização de plásticos na construção de estradas e telhados, no enchimento de áreas para nivelar a superfície e no despejo nas profundezas do mar também encerra perigos. A lixiviação contínua de corantes e produtos químicos perigosos, a obstrução dos canais de armazenamento de águas subterrâneas e a poluição das águas subterrâneas estão a atingir os seus limites, uma vez que são frequentemente necessárias novas áreas para a descarga de resíduos de plástico.

A reciclagem tem sido proposta como uma resposta à poluição branca, mas a qualidade dos plásticos diminui com a repetição da reciclagem e alguns tipos de plástico, como a baquelite, não podem ser reciclados. Assim, numa perspetiva holística, é uma alternativa morosa e dispendiosa.

A substituição é a única solução que resta para este problema. A substituição de plásticos não biodegradáveis por plásticos degradáveis é de grande interesse tanto para os decisores políticos como para a indústria dos plásticos (Song *et al.,* 1999). A produção de produtos amigos do ambiente, como os "bioplásticos", é uma dessas realidades que nos pode ajudar a ultrapassar o problema da poluição causada pelos plásticos não biodegradáveis.

1.2 BIOPLÁSTICA:

Os bioplásticos (PHA) são considerados bons substitutos dos plásticos sintéticos devido às suas propriedades físicas e químicas semelhantes. A principal vantagem dos bioplásticos é o facto de serem de origem biológica e poderem ser completamente degradados em CO_2 e H_2O em condições naturais pelas actividades enzimáticas dos microrganismos.

Os três tipos de plásticos biodegradáveis apresentados são: fotodegradáveis, parcialmente biodegradáveis e totalmente biodegradáveis. No caso dos plásticos fotodegradáveis, os grupos sensíveis à luz são incorporados diretamente na cadeia principal do polímero como aditivos. A exposição prolongada à radiação ultravioleta (várias semanas a meses) pode dissolver a sua estrutura polimérica, deixando-os abertos a uma maior degradação bacteriana (Kalia *et al.,* 2000).

No entanto, não são expostos à luz solar no aterro, pelo que não se degradam. Os plásticos semi-biodegradáveis são os plásticos com amido, em que o amido é incorporado para manter unidos os fragmentos curtos de polietileno. A ideia subjacente aos plásticos ligados ao amido é que as bactérias do solo atacam o amido e libertam fragmentos de polímero que podem ser decompostos por outras bactérias depois de depositados em aterro. Embora as bactérias ataquem o amido, são dissuadidas pelos fragmentos de polietileno, que não se degradam em resultado disso (Johnstone, 1990). O terceiro tipo de plástico biodegradável é relativamente novo e prometedor, uma vez que é efetivamente utilizado por bactérias para formar um biopolímero. Estes incluem polihidroxialcanoatos (PHA), polilactidos (PLA), poliésteres alifáticos, polissacáridos, copolímeros e misturas destes últimos.

1.3 POLIHIDROXIALCANOATOS:

Os poli-e-hidroxialcanoatos (PHA) são poliésteres feitos a partir de vários hidroxialcanoatos que são sintetizados por numerosas bactérias como reservas intracelulares de carbono e energia em condições de nutrientes limitadas e com excesso de carbono. O PHA é um poliéster termoplástico linear, homoquiral. O poli- β-hidroxilbutirato (PHB) é a bactéria mais conhecida que acumula PHA durante a fase estacionária de crescimento, e estes grânulos de PHA facilitam a sobrevivência das células em condições de stress. A produção de PHA é normalmente um processo em duas fases. Na primeira fase, a fase inicial de crescimento equilibrado, é produzida uma biomassa rica em proteínas. Na segunda fase, a fase de limitação de nutrientes, o número de células permanece constante, mas o tamanho das células aumenta devido à acumulação de PHA.

Os polihidroxialcanoatos (PHA) são poliésteres bacterianos com propriedades de termoplásticos e elastómeros biodegradáveis. Os PHA são melhores do que outros polímeros biodegradáveis porque é possível integrar um grande número de componentes monoméricos diferentes e estes polímeros são acumulados intracelularmente sob stress nutricional até 85% do peso seco da célula (dcw) e servem de reserva de carbono e energia (Madison e Huisman, 1999). Foram identificadas mais de 100 unidades monoméricas diferentes como componentes do PHA. Este facto abre a possibilidade de produzir diferentes tipos de polímeros biodegradáveis com uma vasta gama de propriedades. A massa molecular do PHA situa-se no intervalo de 50 000-1 000 000 Da e varia consoante o fabricante de PHA. Devido à estereoespecificidade das enzimas biossintéticas, as unidades monoméricas estão todas na configuração D(-) (Senior *et al.,* 1972; Dawes e Senior, 1973; Oeding e Schlegel, 1973; Wang e Bakken, 1998). A maioria dos PHAs são poliésteres alifáticos de carbono, oxigénio e hidrogénio e formam uma família de poliésteres naturais, insolúveis em água e estereoespecíficos a partir de um amplo espetro de diferentes ácidos hidroxialcanóicos (HA) caracterizados pela estrutura química geral apresentada na Fig. 1, em que "X" pode ser até 30 000 e o grupo dependente de R compreende um átomo de H ou uma pluralidade de cadeias de C.

$$\left[O - CH(R) - (CH_2)_n - C(=O) \right]_X$$

Fig. 1: Estrutura química do PHA mais importante produzido em bactérias.
Por exemplo, se

n=1	R=hydrogen	Poly(3-hydroxypropionate)
	methyl	Poly(3 - hydroxybutyrtate)
	ethyl	Poly(3-hydroxyvalerate)
	propyl	Poly(3-hydroxyhexanoate)
	pentyl	Poly(3-hydroxyoctanoate)
	nonyl	Poly(3-hydroxydodecanoate)
n=2	R = hydrogen	Poly(4-hydroxybutyarte)
n=3	R = hydrogen	Poly(5-hydroxyvalerate)

Quadro -1 Alguns exemplos de PHAs

A investigação intensiva sobre polihidroxialcanoatos microbianos foi motivada principalmente pelo facto de os PHA serem termoplásticos potencialmente biodegradáveis e biocompatíveis (Brandl *et al.*, 1990). Além disso, a produção de PHA baseia-se em recursos renováveis. Quando convertido em PHA biodegradável, os produtos de degradação são novamente CO_2 e $H2O$. O PHA degrada-se quando entra em contacto com o solo, o composto ou os sedimentos marinhos.

1.4 NECESSIDADE DE PHA BACTERIANA:

Em 1856, o famoso cientista Dr. Alexander Parkes inventou o primeiro plástico sintético do mundo, o celuloide. Desde então, estes plásticos substituíram o vidro, a madeira e outros materiais de construção e mesmo os metais em muitas aplicações industriais, domésticas e ambientais (Lee *et al.*, 1991; Cain, 1992; Poirier *et al.*, 1995; Lee, 1996). Estas aplicações generalizadas devem-se não só às suas propriedades mecânicas e térmicas favoráveis, mas sobretudo à sua estabilidade e durabilidade (Rivard *et al.*, 1995). A sua versatilidade, as excelentes propriedades técnicas e o preço relativamente baixo (1 kg de polipropileno custa cerca de 0,70 dólares) contribuíram para o seu sucesso e representam a maior parte dos resíduos plásticos (Rivard *et al.*, 1995; Witt *et al.*, 1997; Muller *et al.*, 2001). A durabilidade e a resistência à degradação são propriedades desejáveis quando os plásticos estão a ser utilizados, mas colocam problemas de eliminação quando já não são utilizados.

[6-1]Estes plásticos não biodegradáveis acumulam-se no ambiente global a uma taxa de 25 x 10 toneladas por ano (Dawes, 1990) e representam uma séria ameaça para o programa de gestão de resíduos sólidos. O tamanho molecular excessivo parece ser a principal razão pela qual estes produtos químicos não são biodegradáveis e permanecem no solo durante muito tempo (Atlas, 1993). Nos últimos anos, tem aumentado a preocupação do público com os efeitos nocivos dos plásticos petroquímicos no ambiente. Os mecanismos internos da natureza e as suas capacidades de autorregulação não conseguem lidar com os novos poluentes, uma vez que estes não lhe são familiares.

Estima-se que sejam produzidos mais de 100 milhões de toneladas de plásticos por ano. O consumo per capita de plásticos nos Estados Unidos da América é de 80 kg, nos países europeus de 60 kg e na Índia de 2 kg (Kalia *et al.*, 2000). Quarenta por cento dos 75 mil milhões de libras de plástico produzidos todos os anos acabam em aterros sanitários. Várias centenas de milhares de toneladas de plásticos são deitadas fora todos os anos no ambiente marinho e acumulam-se nos oceanos. A incineração de plásticos é uma forma de tratar os plásticos não degradáveis, mas não só é dispendiosa como também perigosa. A incineração liberta substâncias químicas nocivas, como o cloreto de hidrogénio e o cianeto de hidrogénio (Johnstone, 1990; Atlas, 1993).

A reciclagem também tem algumas desvantagens importantes, uma vez que é difícil separar a grande variedade de plásticos e o material do plástico também muda, limitando a sua utilização posterior (Johnstone, 1990; Fletcher, 1993). A substituição de plásticos não biodegradáveis por plásticos degradáveis tem sido de grande interesse tanto para os decisores políticos como para a indústria dos plásticos. A produção de produtos amigos do ambiente, como os bioplásticos, é uma dessas realidades que nos pode ajudar a ultrapassar o problema da poluição causada pelos plásticos não biodegradáveis. Por conseguinte, a procura atual de plásticos biodegradáveis é um dos alvos mais importantes da investigação fundamental e aplicada.

1.5 PROPRIEDADES DO PHA:

O PHA tem muitas propriedades inerentes que o tornam adequado para substituir os plásticos não degradáveis existentes no mercado. O PHA é um termoplástico não tóxico, biocompatível e biodegradável que pode ser produzido a partir de matérias-primas renováveis, tem um elevado grau de polimerização, é altamente cristalino, opticamente ativo e isotáctico (regularidade estereoquímica nas unidades repetitivas), piezoelétrico e insolúvel em água. Estas propriedades tornam-no extremamente competitivo em relação ao polipropileno, um plástico derivado da indústria petroquímica.

Foi referido que um peso molecular superior a 250.000Da é aceitável para aplicações industriais. Até à data, apenas o poli (3HB) e o poli (3HB-co-3HV) estavam disponíveis comercialmente, pelo que a maior parte da investigação sobre aplicações se centrou num conjunto relativamente restrito de propriedades do polímero no espaço de conceção do PHA. No entanto, esta situação está a começar a mudar, uma vez que os estudos mais recentes incluem o poli (3HO-co-3HH), o poli (4HB) e o poli (3HB-co-4HB). O homopolímero PHB (100% PHB) tem uma temperatura de fusão de aproximadamente 179 °C; pode ser utilizado em vez de uma variedade de termoplásticos (Byron, 1990). Contrariamente aos plásticos à base de polipropileno e de policarbonato, o PHB afunda-se no fundo da água e pode ser completamente degradado pelas bactérias no prazo de um mês, ao passo que a sua degradação completa à superfície da água do mar demora mais tempo (Lazier, 1992). Os plásticos feitos de PHA são biodegradáveis tanto em ambientes aeróbicos como anaeróbicos.

1.6 POSSÍVEIS APLICAÇÕES DO PHA:

Segment	Examples	Argumentation / Driver
Packaging	Loose fill foil, film Hollow bodies, bottles, trays, blister packs Nets, sacks, bags	Food packaging biologically contaminated Recycling is therefore difficult conventional recycling 'Short-lived applications
Fast Food Catering Stand	Crockery Cutlery Straws Beakers	Returnable is not always possible or cheaper Products often biologically contaminated through food contact
Fibers / Textiles	Clothing Technical textiles Fabric	Breathable Haptic properties Gloss
Toys	Craft materials Bricks and blocks Golf tees	Pedagogic advantages Environmental safety/education
Convenience	Organic-waste sacks Personal hygiene products e.g. nappy film, cotton buds Golf T´s	Short-lived articles Recycling difficult (see above) "Natural contact
Horticulture	Plant pots Under lays Peat sacks Seed/fertilizer tape Binding material	"Natural contact" - Composting advisable Recycling very difficult due to contamination Lower manual costs
Agriculture	Covering film Mulching film Tying film	As for horticulture
Medicine	Implants Operation materials Oral hygiene Gloves	Safe absorption and degradation in the body Short lifetime, disposable
Other	Functional supports Mounting technology Grave lights Writing implements	Specific application advantages Lower manual / waste management costs Compostability required Advertising effects, etc.

Quadro 2: Aplicações de PHAs

1.7 BIOSSÍNTESE DE PHB:

A via biossintética descoberta na bactéria *Alcaligens eutrophus*, atualmente *Wautersia eutropha*, para a acumulação de PHB é mostrada abaixo.

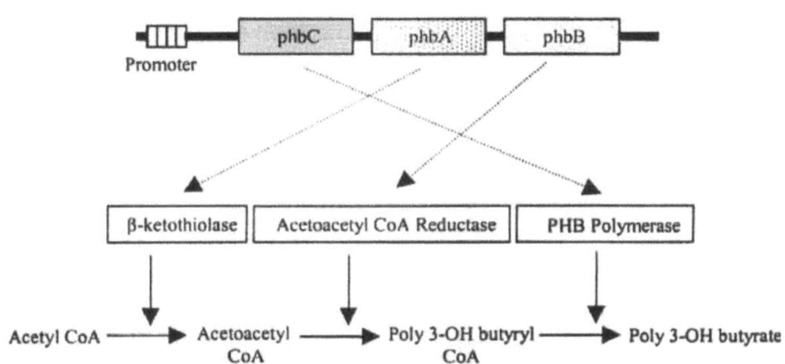

Fig. 2 Via biossintética do PHB em *Wautersia eutropha* (Vincenzini e De Philippis, 1999).

A via biossintética do PHB consiste em três reacções enzimáticas catalisadas por três enzimas diferentes (Fig. 2). A primeira reação é a condensação de duas moléculas de acetil-coenzima A (acetil-Co A) em acetoacetil-CoA pela p-cetoacil-CoA tiolase (codificada por phbA). A segunda reação é a redução do acetoacetil-CoA a (R)-3-hidroxibutiril-CoA por uma acetoacetil-CoA desidrogenase dependente de NADPH (codificada por phbB). Por fim, os monómeros de (R)-3-hidroxibutiril-CoA *são* polimerizados em PHB pela polimerase P(3HB) codificada por phbC (Huisman *et al.*, 1989).

1.8 *Pseudomonas:*

Pseudomonas é um género de gama-proteobactérias que pertence à grande família das pseudomonadas.

Recentemente, a análise da sequência 16S rRNA redefiniu a taxonomia de muitas espécies bacterianas. Como resultado, o género *Pseudomonas* inclui estirpes anteriormente atribuídas aos géneros *Chryseomonas* e *Flavimonas*. Outras estirpes anteriormente atribuídas ao género *Pseudomonas* são agora atribuídas aos géneros *Burkholderia* e *Ralstonia*.

Pseudomonada" significa literalmente "unidade falsa" e deriva do grego *pseudo* ("falso") e *monas* ("uma unidade única"). O termo "mónada" foi utilizado nos primórdios da história da microbiologia para descrever organismos unicelulares.

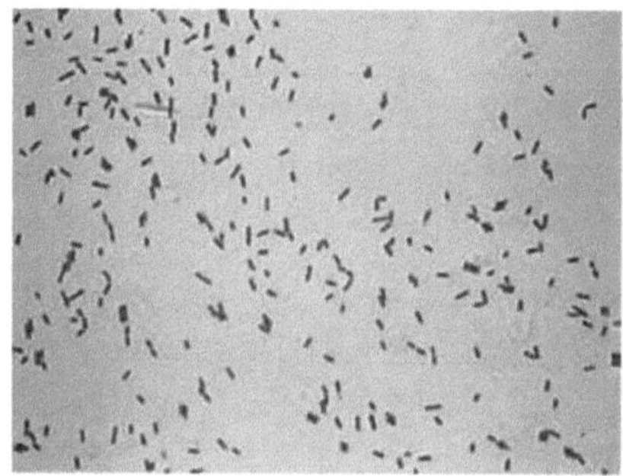

Fig. 3 Células *de Pseudomonas* aeruginosa

A Pseudomonas aeruginosa pertence à classe das bactérias Gamma-Proteobacteria. É um bastonete gram-negativo, aeróbio, que pertence à família de bactérias Pseudomonadaceae. Desde a taxonomia revisionista, que se baseia em macromoléculas conservadas (por exemplo, ARN ribossómico 16S), a família inclui agora apenas membros do género *Pseudomonas*, que estão divididos em oito grupos. *A Pseudomonas aeruginosa* é a espécie-tipo do seu grupo. Inclui 12 outros membros.

Tal como outros membros do género, *a Pseudomonas aeruginosa* é uma bactéria de vida livre que se encontra frequentemente no solo e na água. No entanto, também se encontra regularmente na superfície das plantas e, ocasionalmente, na superfície dos animais.

PROPRIEDADES:

A Pseudomonas aeruginosa é um bastonete gram-negativo com um tamanho de 0,5 a 0,8 mm x 1,5 a 3,0 mm. Quase todas as estirpes são móveis com um único flagelo polar. A bactéria é omnipresente no solo e na água e em superfícies que entram em contacto com o solo ou a água. O seu metabolismo é respiratório e nunca fermentativo, mas também cresce na ausência de O_2 quando o NO_3 está disponível como acetor de electrões respiratórios. A bactéria Pseudomonas típica ocorre na natureza num biofilme que adere a uma superfície ou substrato, ou como um organismo unicelular que flutua ativamente com os seus flagelos em forma de prancha. *A Pseudomonas* é uma das bactérias de crescimento mais rápido e de natação mais rápida encontrada em infusões de feno e amostras de água de lagos. No seu habitat natural, *a Pseudomonas aeruginosa* não é particularmente conspícua como pseudomonada, mas tem uma combinação de caraterísticas fisiológicas que são notáveis e que podem estar relacionadas com a sua patogénese.

1) *A Pseudomonas aeruginosa* tem necessidades muito simples de nutrientes. Observa-se frequentemente que "cresce em água destilada", o que indica as suas necessidades mínimas de nutrientes. No laboratório, o meio mais simples para o crescimento de *Pseudomonas aeruginosa* consiste em acetato como fonte de carbono e sulfato de amónio como fonte de azoto.

2) A sua temperatura óptima é de 37 °C, mas também pode crescer a temperaturas até 42 °C. É tolerante a uma vasta gama de condições físicas, incluindo a temperatura. É resistente a concentrações elevadas de sais e corantes, a anti-sépticos fracos e a muitos antibióticos comuns. Estas propriedades naturais da bactéria contribuem, sem dúvida, para o seu sucesso ecológico como agente patogénico oportunista. Também explicam a ubiquidade do organismo e a sua importância como agente patogénico nosocomial.

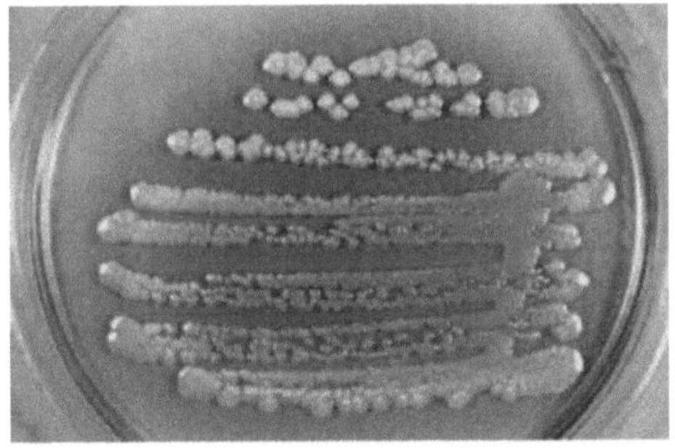

Fig. 4: Colónias de *Pseudomonas* aeruginosa em ágar

AIM

Até à data, sabe-se que quase 100 géneros bacterianos diferentes acumulam PHAs como grânulos intracelulares (*Steinbuchel,* 1991). O objetivo deste estudo é, portanto, utilizar o potencial de acumulação de PHA de uma espécie bacteriana. Os objectivos específicos são:

- Identificação de estirpes de Pseudomonas que contêm PHAs

- Estabilização da cultura

- Extração e otimização de PHAs em diferentes gamas de pH e temperatura.

CAPÍTULO 2
REVISÃO DA LITERATURA

A presença de inclusões sudanófilas, semelhantes a lípidos, solúveis em clorofórmio, foi observada pela primeira vez em *Azotobacter chroococcum* no início do século passado (Meyer, 1903; Stapp, 1924). A composição química de inclusões semelhantes em *Bacillus megaterium* foi mais tarde identificada como ácido polihidroxibutírico (PHB) por *Lemoigne no Instituto Pasteur em Paris (Lemoigne,* 1926). No final de 1950, os estudos sobre o género *Bacillus* permitiam concluir que o PHA funcionava como uma reserva intracelular de carbono e energia nestas bactérias.

Doi et al. (1987) investigaram co-polímeros de 3-hidroxibutirato e 3-hidroxivalerato de *Alcaligenes eutrophus* H16 cultivados em meio de cultura isento de azoto contendo os sais de sódio de acetato e propionato, onde se verificou que a acumulação de co-polímeros de P (3HB-co3HV) atingiu 520/0 do peso seco da célula (dcw). A via biossintética do co-polímero é investigada utilizando acetato marcado com 13C e propionato marcado com 13C como fontes de carbono.

Chen et al. (1991) investigaram PHA em 11 *Pseudomonas sp.* diferentes, DSM 1529, *P. sphaericus* DSM 28, *B. licheniformis* DSM394, *B. amyloliquefaciens* DSM7, *B. laterosporus* DSM335, *B. macerans* DSM7068, *P. aurin* DSMIO, *P. thuringiensis* DSM2046, *P. mycoides* DSM 2048, B. megaterium DSM90 e *B. cereus* DSM31. Entre eles, *B. thuringiensis* DSM2046 acumulou uma maior quantidade de PHB sob suplementação de acetato e 3-hidroxibutirato, nomeadamente 47,6 % (tau), e B. megaterium DSM90 acumulou uma maior quantidade de copolímero P (3HB-co-3HV) 8,2 % (tau) sob suplementação de propionato.

Anderson et al. (1990) demonstraram que *a Corynebacterium hydrocarboxydans* ATCC 21767 produz P (3HB-co-3HV) a partir de acetato como única fonte de carbono, com uma acumulação de copolímeros de P (3HB-co-3HV) de até 21% do peso seco da célula (dcw).

Libergesell et al (1991) investigaram a formação de ácido polihidroxialcanóico (PHA) por diferentes estirpes de bactérias quimiolitotróficas e fototróficas. As bactérias quimiolitotróficas foram cultivadas aerobicamente em condições de limitação de azoto em vários ácidos orgânicos alifáticos. As bactérias fototróficas foram cultivadas aerobicamente à luz num meio rico em azoto e depois transferidas para um meio sem azoto contendo acetato, propionato, valerato, heptanoato ou octanoato como fonte de carbono. Todas as 41 estirpes investigadas no presente estudo foram capazes de sintetizar e acumular PHA. Todas as 11 estirpes de bactérias quimiolitotróficas e todas as estirpes IS, que pertencem às bactérias púrpuras não sulfurosas, sintetizaram um polímero contendo 3-hidroxibutirato (3HB), bem como 3-hidroxivalerato (3HV) quando as células foram cultivadas na presença de propionato, valerato ou heptanoato. Muitas bactérias púrpuras sem enxofre sintetizaram copoliésteres a partir de 3HB e 3HV, mesmo com acetato como fonte de carbono. Em contrapartida, a maior parte das bactérias púrpuras com enxofre não incorporou de todo o 3HV. Das estirpes IS testadas, apenas *a* estirpe 1611 de *Chromatium vinosum*, a estirpe *BNS500* de *C. purpuratum* e a estirpe 3112 de *Lamprocystis roseopersicina* foram capazes de sintetizar polímeros contendo 3HV com propionato, valerato ou heptanoato como fontes de carbono.

Haywood et al. (1991) demonstraram que *Rhodococcus sp.* NCIMB 40126 produz um copolímero com 75 mol% de 3HV e 25 mol% de 3-hidroxibutirato (3HB) a partir de acetato como única fonte de carbono. Os poliésteres que contêm unidades monoméricas de 3HV e 3HB juntamente com 4-hidroxibutirato (4HB), S-hidroxivalerato (5HV) ou 3-hidroxihexanoato (3HH) também foram produzidos por este organismo a partir de determinadas fontes de carbono.

Bourque (1992) investigou a produção de PHAs em *Methylobacterium extorquens* a partir de metanol. Concentrações de metanol superiores a 8 g 1-1 prejudicaram significativamente o crescimento, e a concentração óptima de metanol foi de 1,7 g 1-1. As concentrações de PHB foram em média de 25-30% (dcw) em condições não optimizadas, e o controlo da concentração de metanol utilizando um circuito aberto resultou em biomassa. Níveis de 9 - 10 g 1-1 continham 30 - 33 % de PHB, evitando a acumulação de metanol. Esta estirpe bacteriana também foi capaz de produzir o copolímero P(3HB-co-3HV) nas condições suplementadas com metanol e valerato. O rácio de 3HV para 3HB era de cerca de 0,2 no final da fermentação.

Anderson et al. (1992) efectuaram estudos sobre a produção de copolímero P (3HB-co-3HV) em *Rhodococcus* rubber NCIMB 40126. O rendimento dos co-polímeros foi de 28% dcw em condições suplementadas com glucose e valerato;

Byrom (1992) efectuou estudos sobre co-polímeros de 3-hidroxibutirato e

3-

Hidroxivalerato de *Wautersia eutropha* cultivado num meio enriquecido com glucose e propionato, onde foi observada uma acumulação de copolímeros de P(3HB-co-3HV) até 80 % do peso seco celular (dcw).

Kim et al. (1994) demonstraram que *Alcaligenes eutrophus* NCIMB 11599 produz P (3HB-co- 3HV) a partir de glucose e ácido propiónico numa técnica de cultura em duas fases. Foi investigado o efeito da relação entre o ácido propiónico e a glucose (relação PIG) na alimentação na produção de copolímero. [1]Foram obtidas concentrações finais de copolímero de 117, 74 e 64 g 1-1, teores de polímero de 740/0, 57% e 56,5% do peso celular seco e produtividades de 2,55, 1,67 e 1,64 g 1-1 h- quando a relação PIG na alimentação era de 0,17, 0,35 e 0,52 (mol de ácido propiónico mol de glucose), respetivamente, com a produção a diminuir à medida que a relação PIG aumentava. No entanto, a proporção de ácido 3-hidroxivalérico (3HV) no copolímero aumentou com o aumento da relação PIG, de modo que a proporção de 3HV numa relação PIG de 0,52 (mol mol I) foi de 14,3 mol%. A concentração de ácido propiónico no caldo de cultura permaneceu abaixo de 1,3 g I-I quando a relação PIG na alimentação foi de 0,17 ou 0,35 (mol mol I), mas aumentou gradualmente quando foi utilizada uma relação de 0,52 (mol I).

Choi e Lee (1999) desenvolveram estratégias de fermentação para a produção de copolímeros de P(3HB-co-3HV) com diferentes fracções de 3-hidroxivalerato (3HV) por *Escherichia coli* recombinante portadora dos genes biossintéticos *de* poli-hidroxialcanoatos *de Alcaligenes latus*. [1]Utilizando uma cultura em regime de lote alimentado e uma estratégia de indução de ácido acético, obteve-se uma concentração celular, uma concentração de P(3HB-co-3HV), um teor de P(3HB-co-3HV) e uma fração de 3HV de 141,9 g 1 - 88,1 g 1 - , 62,1 % dcw e 15,3 mol%, respetivamente.

Majid et al. (1999) demonstraram que *Erwinia* sp. USMI-20 produz poli(3-hidroxibutirato) a partir de óleo de palma ou de glucose e o seu co-polímero poli(3-hidroxibutirato-co-3-hidroxivalerato) a partir de uma combinação de óleo de palma e de uma segunda fonte de carbono de um dos seguintes compostos ácido propiónico, n-propanol, ácido valérico e n-pentanol.

A Erwinia sp. USMI-20 foi capaz de produzir P (3HB) até 69% dcw. Foram também utilizados diferentes tipos de óleo de palma para caraterizar melhor a produção do polímero. Entre os diferentes óleos de palma utilizados, o óleo de palma bruto foi a melhor fonte lipídica para a produção de P(3HB), em comparação com a oleína de palma e o óleo de palmiste. Na produção do co-polímero P (3HB-co-3HV), a fração molar mais elevada de unidades 3HV pode atingir 47 mol% quando alimentada uma vez com ácido valérico após o crescimento inicial em óleo de palma.

Mukhoupadhyay et al (2005) investigaram a produção de ácido poli(3-hidroxibutírico) (PHB) por *Rhodopseudomonas palustris* SP5212 em condições microaerofílicas fototróficas. As células que cresceram em meio enriquecido com malato acumularam 7,70/0 de PHB na fase estacionária inicial de crescimento. No entanto, a acumulação de PHB atingiu 15% quando se utilizou acetato a 1% como única fonte de carbono em condições de limitação de azoto. A síntese e a acumulação do polímero foram favorecidas por condições sem sulfato e numa concentração de fosfato subóptima para o crescimento. O conteúdo de polímero das células foi drasticamente aumentado até 340/0 (dcw) quando o meio contendo acetato foi suplementado com ácidos n-alcanóicos. A análise da composição por IH NMR revelou que estes polímeros acumulados consistiam em ácido 3-hidroxibutírico e ácido 3-hidroxivalérico. O teor de 3HV nestes copolímeros variou de 14 a 38 mol%.

Yezza et al (2006) utilizaram o metanol como fonte de carbono para a produção de copolímeros de P (3HB-co- 3HV) por *Methylobacterium sp.* GW2, registando a acumulação de copolímeros até 30% do peso seco da célula (dcw).

Kumar et al (2007) utilizaram um substrato natural não refinado, nomeadamente flores de mahua *(Madhuca sp.)*, como fonte de carbono para a produção de co-polímeros por *Bacillus* sp 256. [1]Foram testadas três estirpes bacterianas para a produção de PHA em extrato de flores de mahua (para obter 20 g r de açúcar), das quais *Bacillus* sp-256 produziu uma maior concentração de PHA na sua base de biomassa, nomeadamente 51 %, seguida de *Rhizobium meliloti* (31 %) e *Sphingomonas sp.* (22 %). A biossíntese de copolímeros de P(3HB-co-3HV) de 90: 10 mol% por *Bacillus sp.* 256 foi observada por análise de cromatografia gasosa.

Lee et al (2008) mostraram que a mistura de óleo de palmiste e propionato de sódio era adequada para a biossíntese de uma alta concentração de copolímero P *(3HB-co-* 3HV) (6,8 g 1-1) com 7 mol% de 3HV em *Cupriavidus necator* H16.

Singh et al (2009) utilizaram a glucose como fonte de carbono para cultivar *Bacillus subtilis* em condições definidas e extrair PHB numa gama de 12-69 % numa base de biomassa.

CAPÍTULO 3

MATERIAIS E PROCESSOS

3.1 ISOLAMENTO DA ESTRUTURA que contém PHAs:
OBJECTOS DE VIDRO E DE PLÁSTICO:

Utilizámos os seguintes artigos de vidro e plástico para realizar as experiências: Recipientes para amostras, frascos de plástico, placas de Petri, tabuleiros de plástico, frascos, béqueres, pipetas, conta-gotas, sacos de autoclave, elásticos, micropipetas, distribuidores de vidro, frascos inclinados, tubos de ensaio, etc.

MEIOS E OUTROS REAGENTES:

Durante o trabalho de projeto, utilizámos diferentes tipos de meios para o cultivo e manutenção dos microrganismos. Para além dos meios, também utilizámos vários reagentes e produtos químicos para testes bioquímicos, medições de pH e produção de extractos de plantas.

LISTA DE PRODUTOS QUÍMICOS:

Etanol, acetona, vários corantes, nomeadamente azul de metileno, hidróxido de sódio (NaOH), ácido clorídrico (HCl).

LISTA DE MEIOS DE COMUNICAÇÃO:

Foram utilizados os seguintes meios para a preservação e o cultivo de microrganismos:

COMPOSIÇÃO DO NAM:
(MEIO DE ÁGAR NUTRIENTE) TABLE 3 .1

Components	Amount
Peptone	10g
NaCl	5g
Agar	3.5g
Distilled water	1000ml

TABLE 3.   2

COMPOSIÇÃO DO ÁGAR DE MOTILIDADE:

(A UTILIZAR PARA TESTAR A MOTILIDADE DAS BACTÉRIAS)

Components	Amount
Peptone	5 g
Beef extract	3g
NaCl	5g
Agar	15g
Distilled water	1000 ml

TABLE 4.

MEIOS DE FERMENTAÇÃO DE GLUCOSE:

(A UTILIZAR PARA IDENTIFICAR O FERMENTADOR DE GLUCOSE)

Component	Amount
Peptone	10 g
Glucose	5gm
Nacl	15gm
Phenol red	0.018 gm
Distilled water	1000 ml

TABLE 5.

MEIOS DE FERMENTAÇÃO DA LACTOSE:

(PARA A IDENTIFICAÇÃO DE FERMENTADORES DE LACTOSE)

Components	Amount
Peptone	10g
Lactose	5g
NaCl	15g
Phenol red	0.018g
Distilled water	1000ml

TABLE 6.

MEIO DE FERMENTAÇÃO COM MANITOL:

(A UTILIZAR PARA A IDENTIFICAÇÃO DE FERMENTADORES DE MANITOL)

Components	Amount
Mannitol	15g
Dipotassium hydrogen phosphate	0.5g
Magnesium sulphate	0.2g
Calcium sulphate	01g
Calcium carbonate	5.0g
NaCl	0.2g
Agar	15g
Distilled water	1000ml

QUADRO 7.

MEIOS DE UTILIZAÇÃO DE CITRATOS:

(PARA A IDENTIFICAÇÃO DE ORGANISMOS QUE UTILIZAM CITRATOS)

Components	Amount
Ammonium dihydrogen phosphate	1.0g
Dipotassium phosphate	1.0g
NaCl	5.0g
Sodium citrate	2.0g
Magnesium sulphate	0.2g
Agar	15g
Bromothymol blue	0.8g
Distilled water	1000ml

QUADRO 8.

MÉTODOS

RECOLHA E ISOLAMENTO DE MICRORGANISMOS:

As amostras de solo foram recolhidas em diferentes locais da região de Meerut. Após a recolha, a mistura de solo foi utilizada para o isolamento de microrganismos pelo método de diluição em série em placa. Vários microrganismos foram isolados da placa e mantidos num meio de cultura.

COLORAÇÃO NEGATIVA:

O fundo, mas não a bactéria, é corado com um corante ácido (tinta ou nigosina), que tem uma carga negativa na sua superfície e é repelido pelas bactérias, que também têm uma carga negativa na sua superfície. A cápsula aparece como uma área clara entre a parede celular e o fundo escuro, de modo que a forma pode ser prevista.

IDENTIFICAÇÃO DE ISOLADOS:
EXAME MICROSCÓPICO (COLORAÇÃO DE GRAM):

Ao microscópio, determinámos a forma e o tamanho das bactérias, ou seja, se tinham forma de bastonete ou esférica. A classificação posterior foi efectuada através da coloração de Gram. A reação de coloração de Gram ajuda a identificar as bactérias com base na coloração de Gram. Com a ajuda da coloração de Gram, classificámos as bactérias em duas classes: Gram+ve e Gram-ve. Após a coloração de Gram, as bactérias que estavam coradas a rosa foram designadas Gram-ve e as que estavam coradas a azul foram designadas Gram+ve.

TESTES DE MOTILIDADE:

As caraterísticas da motilidade foram determinadas para classificar melhor as bactérias patogénicas em móveis e não móveis. Algumas bactérias que possuem cílios ou flagelos são móveis, enquanto outras são não-móveis. Foi preparado um ágar de motilidade semi-sólido no qual as bactérias foram inoculadas com uma ansa imersa verticalmente. As bactérias móveis cresceram difusamente a partir da linha reta, enquanto as bactérias não móveis cresceram apenas ao longo da linha reta.

GLUCOSEGRAÇÃO:

Foi preparado um meio de fermentação de glucose para testar se o organismo é ou não um fermentador de glucose. Foi adicionado ao meio um corante indicador vermelho de fenol para confirmar a reação de fermentação. Os tubos foram incubados a 37°C durante 12 horas. Após a incubação, foi observada a mudança de cor do meio.

LACTOSEGÄRUNG:

Os fermentadores de glucose foram ainda diferenciados com base na fermentação da lactose, uma vez que nem todos os fermentadores de glucose fermentam necessariamente também a lactose. Foi também utilizado um corante indicador. Uma cultura em forma de laço dos microrganismos testados foi inoculada em tubos com meio. Os tubos foram incubados a 37°C durante 12 horas. Após a incubação, observou-se a mudança de cor do meio.

FERMENTAÇÃO DO MANITOL:

A fermentação com manitol é utilizada em particular para a identificação de *Staphylococcus sp.* O meio estéril foi vertido nas placas e a inoculação foi efectuada após a solidificação. As placas foram incubadas a 300° C durante 24 horas. Após a incubação, observou-se a mudança de cor do meio.

TESTE DE CATALASE:

$$2H_2O_2 \longrightarrow 2H_2O + O_2$$

Durante a respiração aeróbica na presença de oxigénio, os micróbios produzem peróxido de hidrogénio (H_2O_2), que é letal para a célula. A enzima catalase, presente em alguns microrganismos, decompõe o peróxido de hidrogénio em água e oxigénio, como se mostra a seguir Esta atividade ajuda-os a sobreviver. Este teste é efectuado colocando uma gota de H2O2 na lâmina. Uma ou duas colónias são colhidas com uma agulha e, em seguida, a lamela é cuidadosamente colocada sobre a gota. A formação de bolhas devido à libertação de oxigénio é uma confirmação positiva.

UREASE-TEST:

Os organismos de teste foram cultivados num meio de ureia. Os microrganismos, que produziam a enzima urease, convertiam a ureia em carbonato de amónio através da libertação de amoníaco. Uma cultura em forma de laço do microrganismo testado foi inoculada em placas com meio de ureia. As placas foram incubadas a 370°C durante 12 horas. Após a incubação, observou-se a mudança de cor do meio. A cor do meio mudou para vermelho-rosa.

ÁGAR DE UTILIZAÇÃO DE CITRATO:

Este teste foi efectuado para confirmar os utilizadores de citrato. Os organismos testados foram cultivados num meio que continha citrato de sódio, um sal de amónio e azul de bromotimol como indicador. O organismo utilizou citrato (a única fonte de azoto) e a reação alcalina alterou o meio de verde claro para azul.

TESTE DE CONFIRMAÇÃO:

De acordo com o manual de Bergey, nenhuma outra espécie de Pseudomonas produtora de fluorescência cresce a 41 °C, pelo que a espécie testada é a *P. aeruginosa*.

3.2 ESTABILIZAÇÃO DA CULTURA
MICRORGANISMOS E CONDIÇÕES DE CRESCIMENTO:

A cultura auxénica de *Psuedomonas sp.* foi mantida no laboratório a 30°C. O meio mineral que contém (por litro) 4 g de Na_2HPO_4, 1 g de KH_2PO_4, 0,2 g de $MgSO_4.7H_2O$, 0,05 g de $CaCl_2.2H_2O$, 3 g de NH_4NO_3, 0,2 g de NaCl, 1 g de glucose e 1 ml de solução de oligoelementos foi utilizado para o cultivo do organismo em estudo (*Muheim e Lerch*, 1999). A solução de oligoelementos continha (por litro de HCl 0,5 N) 5,56 g de $FeSO_4.7H_2O$, 3,96 g de $MnCl_2.$ $4H_2O$, 5,62 g de $CoSO_4.$ $7H_2O$, 0,34 g $CuCl_2$. $2H_2O$, 0,58 g de $ZnSO_4.7H_2O$, 0,60 g de H_3BO_3, 0,04 g de $NiCl_2.6H_2O$ e 0,060 g de $Na_2MoO_4.2H_2O$. O pH do meio foi ajustado para 7,0 (*Kim et al.*, 2000).

CRESCIMENTO E MEDIÇÃO DO PESO SECO DAS CÉLULAS:

O crescimento celular foi monitorizado através da medição da densidade ótica do caldo de cultura a 600 nm, de acordo com *Kim et al.* (1997), num espetrofotómetro (Specord S 100, Analytic Jena, Alemanha). O peso seco celular correspondente (dcw) para a densidade ótica do caldo de cultura foi medido de acordo com *Pal et al.* (1998).

EXTRACÇÃO DE CANOATOS POLIHIDROXIAIS (PHAs):

Os PHAs foram extraídos de acordo com *Yellore e Desia* (1998). A biomassa contendo PHA foi centrifugada. ^{0}O pellet resultante foi seco a 60 C depois de descartado o sobrenadante. O polímero foi extraído em clorofórmio quente e depois precipitado com éter dietílico frio. A amostra foi então centrifugada a 11.000 g durante 20 minutos para obter o sedimento. O sedimento foi lavado com acetona e dissolvido em clorofórmio quente.

investigação espECTROFOTOMÉTRICA do poli-e-hidroxibutirato (phb)

O ensaio espetrofotométrico foi realizado de acordo com Law e Slepecky (1961), utilizando um espetrofotómetro (Specord S 100, Anylytic Jena, Alemanha). A amostra contendo os polímeros em clorofórmio foi transferida para um tubo de ensaio limpo. Evaporou-se o clorofórmio e adicionaram-se 10 ml de H_2SO_4 concentrado. A solução foi aquecida num banho de água durante 20 minutos.

Após arrefecimento e mistura completa, a absorvância da solução foi medida a 235 nm contra H_2SO_4. Para confirmar a presença de PHB, os espectros de absorvância (200-1000 nm) da amostra e do padrão (ácido β-poli-в-hidroxibutírico, Sigma Chemical Co., EUA) foram registados no espetrofotómetro Specord S 100 após digestão ácida. Estes espectros foram comparados com o espetro do ácido crotónico (Sigma Chemical Co., EUA).

EFEITOS DO VALOR DO pH E DA TEMPERATURA:

Foram colocados 50 mililitros do meio em frascos Erlenmeyer de 150 ml. O pH foi ajustado para vários valores entre 5 e 10 antes de as células serem adicionadas ao meio, e a acumulação de PHA foi analisada conforme descrito acima. A acumulação de PHA também foi analisada em células cultivadas a diferentes temperaturas, entre 20 e 40 °C, com um intervalo de 5 °C.

1. IDENTIFICAÇÃO de *Pseudomonas sp.*

S.No.	Microscopy		M.T	Biochemical tests								Identified microorganism	Endospore staining
	shape	G.S.		Gl uF er.	Lac Fer	Mal Fer.	Cat test	Ure test	Cit Uti	Amy test	Cas test		
1.	Rod	-ve	+ve		-ve	-ve	+ve	-ve	+ve	+ve	+ve	*P.aerugino sa*	+ve

Quadro 9: A identificação foi efectuada por coloração de Gram, testes de motilidade e vários testes bioquímicos, cujos resultados são aqui apresentados.

FIGURAS

Fig. 5 Citar test

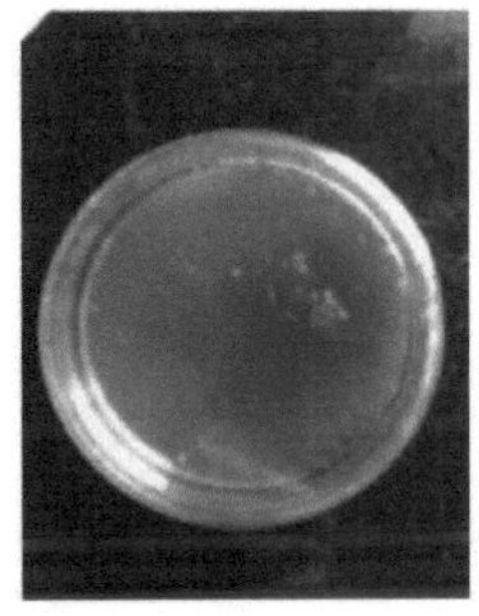

Fig. 6 Urease test

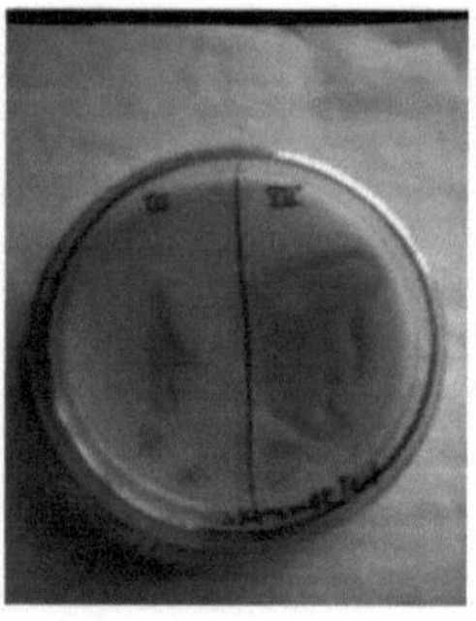

Fig. 7. ENSAIO DE CASEINASE   **Fig. 8.ENSAIO DE AMILASE**

2. ACUMULAÇÃO DE PHB EM RELAÇÃO AO CRESCIMENTO:

O curso temporal do crescimento e da acumulação de PHB em *Pseudomonas* sp. em modo descontínuo é apresentado na Fig. 9. O crescimento de *Pseudomonas* sp. aumentou de forma constante com um atraso de 8 horas, seguido de uma fase logarítmica, e atingiu a fase estacionária após 32 horas. Embora a acumulação de PHA tenha começado na fase inicial de crescimento, a acumulação máxima foi observada na fase estacionária, ou seja, após 56 horas.

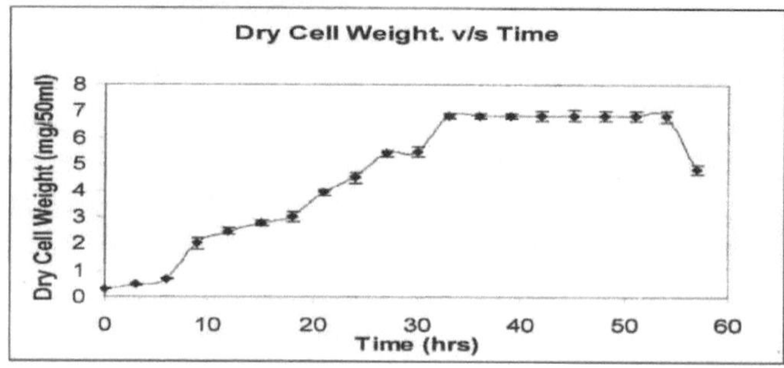

Fig. 9: Curso temporal do crescimento de espécies bacterianas

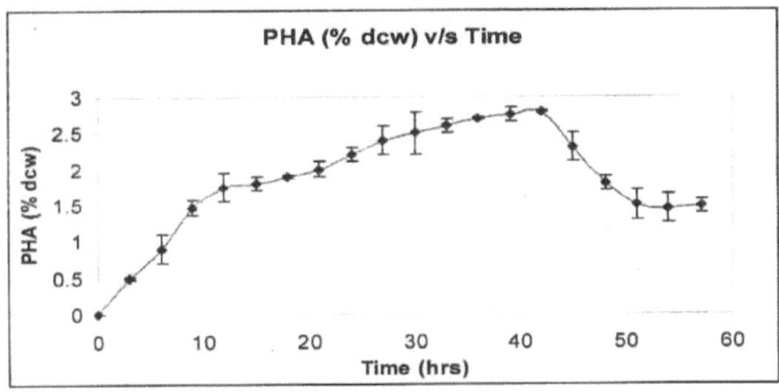

Fig. 10. % de acumulação de PHB em função do tempo

3. ENSAIO ESPECTROFOTOMÉTRICO DE PHB:

O teste espetrofotométrico do polímero extraído de *Pseudomonas sp.* e do padrão (ácido dl-ʙ-hidroxibutírico) foi analisado após digestão com ácido sulfúrico, que mostrou o maior grau de semelhança com o espetro do ácido crotónico (Fig. 11). O ácido hidroxibutírico é convertido em ácido crotónico durante a digestão com ácido sulfúrico, que apresenta máximos de absorção a 235 nm.

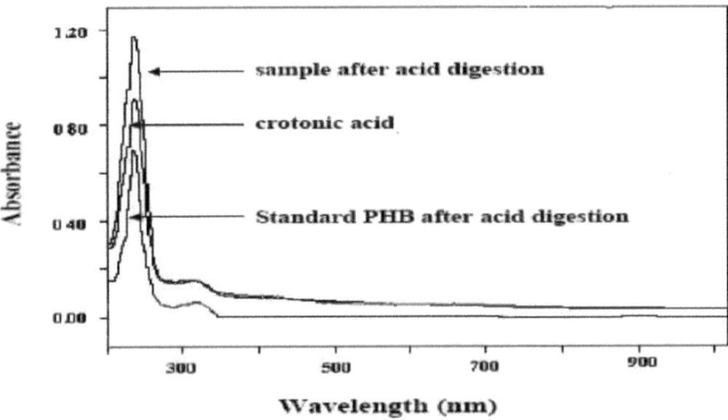

Fig. 11: Comparação do espetro de absorção do ácido crotónico com o polímero digerido com ácido de
Aulosira fertilissm. amostra e o padrão ácido β poli-hidroxibutírico).

4. EFEITOS DO VALOR DO pH E DA TEMPERATURA:

A acumulação de PHB foi mais elevada a pH neutro (pH 7,0), seguida de pH 8,0 após 56 horas de incubação (Tabela 10). Os valores de pH ácidos foram considerados inadequados para a acumulação de PHB, tal como os valores de pH alcalinos elevados. ^{0}A acumulação máxima de PHB foi registada a 30 C.

pH	PHB (% dcw)
5.0	0.3
7.0	1.8
8.0	2.8
9.0	1.1
10.0	0.4

Tabela 10: Influência do pH na acumulação de PHB após 56 horas de incubação.

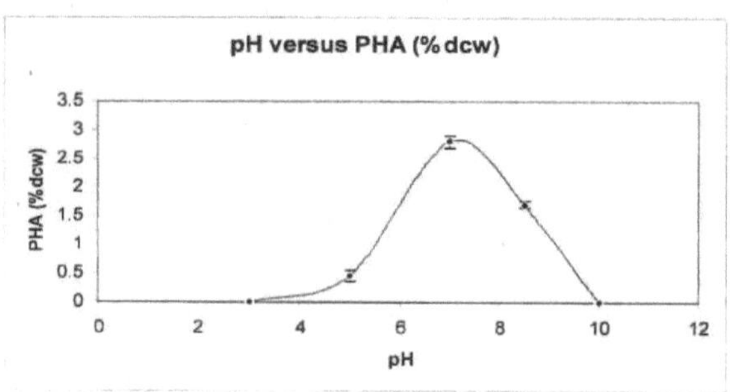

Fig. 12. Efeito do valor do pH na acumulação de PHB.

Temperature (30 ^{0}C)	PHB (% dcw)
25	2.8
37	1.4
50	0

Tabela 11. Influência da temperatura na acumulação de PHB em *Pseudom onas* sp. às 56 horas de incubação.

CAPÍTULO 5
DISCUSSÃO

Ao tratar as amostras bacterianas com metanol durante a noite a 4°C, os materiais não-PHA foram removidos (*Caballero et al.*, 1995). A extração com clorofórmio é atualmente o método mais amplamente aceite para a extração de PHA (*Lee*, 1996). A precipitação do polímero com éter dietílico e a lavagem com acetona neste método elimina a possibilidade de contaminação dos lípidos e, por conseguinte, produz o PHA purificado.

Nas espécies bacterianas, o PHA acumulou-se durante a fase de crescimento logarítmico e atingiu um máximo quando as culturas se tornaram estacionárias (Fig. 9). Este facto está de acordo com os relatórios de *Sun et al.* (1994), *Mccool et al.* (1996), *Son et al.* (1996), *Pal et al.* (1998) e *Potter et al.* (2005), nos quais a acumulação máxima de PHA foi observada na fase estacionária de bactérias como *Ralstonia eutropha, Vibrio harvey, Bacillus megaterium, Actinobacillus sp.* EL-9 e *Azotobacter chroococcum* H16. A diminuição do teor de copolímero na última fase deve-se possivelmente à utilização intracelular do polímero como reserva de energia e de carbono (*Sun et al.*, 1994; *Kato et al.*, 1996; *Pal et al.*, 1998; *Steinbuchel e Hein*, 2001; *Mercan et al.*, 2002; Vazquez *et al.*, 2003; *Yuksekdag et al.*, 2004).

A temperatura e o pH provaram ser os factores físicos mais importantes que influenciam os microrganismos. As reacções enzimáticas atingem a sua velocidade e eficiência máximas a uma temperatura óptima, que varia consoante o organismo. A gama de temperaturas preferida pelas bactérias é determinada geneticamente, resultando em enzimas com diferentes requisitos de temperatura. As temperaturas elevadas são prejudiciais para os microrganismos, uma vez que desnaturam as proteínas, levando a alterações irreversíveis e à destruição completa das enzimas e, consequentemente, à morte da célula, enquanto as temperaturas baixas têm apenas um efeito inactivador sobre as enzimas. No entanto, o pH é uma medida da acidez ou alcalinidade relativa de uma

32

solução. As alterações do pH no ambiente têm um efeito profundo no crescimento, nas actividades e na sobrevivência dos microrganismos, uma vez que o sistema enzimático de um organismo tem uma gama específica de pH em que pode funcionar. Assim, cada espécie tem a capacidade de crescer num intervalo de pH específico, que pode ser amplo ou limitado, com o crescimento mais rápido a ocorrer num intervalo ótimo estreito.

Embora a gama de pH específica para as bactérias se situe entre 4 e 9, o crescimento ótimo ocorre geralmente entre 6,5 e 7,5. Por conseguinte, a fim de otimizar a concentração máxima de massa celular e a acumulação de PHA, o organismo de ensaio foi cultivado a diferentes valores de pH (Quadro 2) e temperaturas (Quadro 3). O pH e a temperatura óptimos para o rendimento e a produtividade máximos de PHA foram 7,0 e 27 °C, respetivamente. Este facto é consistente com as observações de *Du e Yu* (2002), que encontraram um rendimento e uma produtividade máximos de PHA para *Pseudomonas oleovorans* a um pH de 7,4 e a uma temperatura de 30 °C.

REFERÊNCIAS

1. Alexander, M. (1981) Biodegradation of environmentally harmful chemicals. Science 211, 132-13.

2. Anderson, A. J. e Dawes, E. A. (1990) Ocorrência, metabolismo, papel metabólico e utilizações industriais de polihidroxialcanoatos bacterianos. Microbiol. rev. 54,450-472.

3. Anderson, A. J., Williams, D. R., Taidi, B., Dawes, E. A. e Ewing, D. F. (1992) Estudos sobre a síntese de co-poliésteres por *Rhodococcus rubber* e factores que influenciam a massa molecular do polihidroxibutirato acumulado por *Methylobacterium extorquens* e *Alcaligenes eutrophus*. FEMS Microbiol. rev. 130, 93-102.

4. Bourque, Ouellette, B., André, G., e Groleau, D. (1992). Produção de poli-f3-hidroxibutirato a partir de metanol: Caracterização de um novo isolado de *Methylobacterium extorquens*. Appl. Microbiol. biotechnol. 37, 7-12

5. Byrom, D. (1992) Preparação de copolímeros de poli-J1-hidroxibutirato: poli-f3-hidroxivalerato. FEMS Microbiol. rev. 103,247-250.

6. Cain, R. B. (1992) Microbial degradation of synthetic polymers (Degradação microbiana de polímeros sintéticos). In: Frey et al. (eds.), *Microbial Control of Pollution.* [th]48 Simpósio da Sociedade de Microbiologia Geral, Universidade de Cardiff, pp. 293-338.

7. Chen, G. Q., Konig, K. H. e Lafferty, R. M. (1991). Ocorrência de poliD (-)-3-hidroxialcanoatos no género Bacillus. FEMS Microbiol Lett. 84,173-176.

8. Choi, J. I. e Lee, S. Y. (1999) Produção de alto nível de poli (3-hidroxibutirato-co-3-hidroxivalerato) por cultura em regime de lote alimentado de *Escherichia coli* recombinante. Appl. Environ. Microbiol. 65, 4363-4368

9. Chowdhury, A. A. (1963) Bactérias e exoenzimas que degradam o ácido poli-/J-hidroxibutírico. Arch. Microbiol. 47, 167-200.

10. Dawes, E.A. e Senior, PJ. (1973) The role and regulation of energy reserve polymers in microorganisms (O papel e a regulação dos polímeros de reserva de energia nos microrganismos). Adv. Microb. 10, 135-266.

11. Doi, Y., Kumagai, Y., Tanahashi, N. e Mukai, K. (1992) Structural effects on the biodegradation of microbial and synthetic poly (hydroxyalkanoates). In: Vert, M. et al. (eds.), *Biodegradable polymers and plastics,* Royal Society of Chemistry, pp. 139-48.

12. Doi, Y., Kunioka, M., Nakamura, Y. e Soga, K. (1987) Biossíntese de copoliésteres em *Alcaligenes eutrophus* H16 a partir de acetato e propionato marcados com 13C. Macromolecules 20, 2988-2991.

13. Doi, Y., Mukai, K., Kasuya, K. e Yamada, K. (1994) Biodegradation of biosynthetic and chemosynthetic polyhydroxyalkanoates. In: Doi, Y. and Fukuda, K. (eds.), *Biodegradable plastics and polymers,* Elsevier, Amsterdam,

pp. 39-51.

14. Doudoroff, M. e Stanier, R.Y.. (1959) Role of poly-hydroxybutyricacid in the assimilation of organic carbon by bacteria. Nature 183, 1440-1442.

15. Emeruwa, A.C. and Hawirko, R.Z. (1973) Poly-B-hydroxybutyrate metabolism during growth and sporulation of *Clostridium botulinum.* J. Bacteriol. 116, 989-993.

16. Fiechter, A. (1990) Plastics from bacteria and for bacteria: poly (hydroxyalkanoates) as natural, biocompatible, and biodegradable polyesters. Springer-Verlag, Nova Iorque, pp. 77-93.

17. Haywood, G.W., Anderson, A.J., Williams, G.A., Dawes, E.A., e.

18. Ewing, D.F. (1991). Acumulação de um copolímero de poli(hidroxialcanoato) contendo principalmente 3-hidroxivalerato a partir de substratos de hidratos de carbono simples por *Rhodococcus* sp. NCIMB 40126. Int. J. Biol. Macromol. 13, 83-88.

19. Johnstone, B. (1990) An answer to throw away. Far East. Econ. Rev. 147, 6263.

20. Kalia, V. C., Raizada, N. e Sonakya, V. (2000) Bioplastics. J. Sci. Ind.

21. Res. 59, 433-445.

22. Kim, B. S., Lee, S. C., Lee, S. Y., Chang, H. N., Chang, Y. K. e Woo, S. 1.

(1994) Enzyme Micmb. Technol. 16,556-61.

23. Kumar, M. S., Mudliar, S. N., Reddy, K. M. K. e Chakrabarti, T. (2004) Production of biodegradable plastics from activated sludge generated from a food processing industrial wastewater treatment plant. Biores. Technol. 95, 327-330.

24. Lee, B., Pometto, A. L. III., Fratzke, A. e Bailey, T. B. (1991) Biodegradação de polietileno plástico degradável por espécies de *Phanerochaete* e *Streptomyces*. Appl. Environ. Microbiol. 57, 678-68.

25. Lee, I. Y., Kim, M. K., Chang, H. N. e Park, Y. H. (1995) Regulação da biossíntese de poli'-beta-hidroxibutirato por nucleótidos de nicotinamida em *Alcaligenes eutrophus*. FEMSMicrobiol. Lett. 131, 35-39.

26. Lee, S. Y. (1996) Bacterial polyhydroxyalkanoates. Biotechnol. bioengg. 49, 1-4.

27. Lee, S. Y. e Chang, H. N. (1995) Produção de poli (ácido hidroxialcanóico). Adv. Biochem. Eng. Biotechnol. 52, 27-58.

28. Lee, W.H., Loo, C.Y., Nomura, C.T. e Sudesh, K. (2008) Biossíntese de copolímeros de polihidroxialcanoatos a partir de misturas de óleos vegetais e precursores de 3-hidroxivalerato. Biores. Techno. No prelo, Prova corrigida.

29. Lemoigne, M. (1926) Produtos da desidratação e da polimerização do ácido

hidroxibutírico. Bull. Soc. Chern. Biol. 8, 770-78.

30. Libergesell, M., Husked, E., Timm, A., Steinbuchel, A., Fuller, R.C., Lenz, R.W. e Schlegel, H.G. (1991) Formation of poly (3-hydroxyalkanoic) acids by phototrophic and lithotrophic bacteria. Arch. of Microbiol. 155, 415-421.

31. Majid, M. I. A., Akmal, D. H., Toh, M. S., Agustein, A., Azizan, M. N. e Nijamudin, N. (1999) Produção de poli(3-hidroxibutirato) e do seu co-polímero poli(3-hidroxibutirato-co-hidroxivalerato) por Erwinia sp. USMI 20. Lnt. J. Biol. Macromol. 25, 95-104.

32. McDermott, T.R., Griffith, S.M., Vance, C.P., e Graham. P.H. (1989) Carbon metabolism in *Bradyrhizobium japonicum* bacteroids. FEMS Micropol. Rev. 63, 327340.

33. Mergaert, J., Anderson, C., Wouters, A. e Swings, J. (1994) Microbial degradation of poly (3-hydroxybutyrate) and poly (3-hydroxybutyrate-co-3hydroxyvalerate) in compost. 1° Environ. Polym. Degrad. 1, 177-183.

34. Mergaert, J., Webb, A., Anderson, C., Wouters, A. e Swings, J. (1993) Microbial degradation of poly (3-hydroxybutyrate) and poly (3hydroxybutyrate-co-3- hydroxyvalerate) in soils. Appl. Environ. Microbiol. 59, 3233-3238.

35. Merrick, J. M. and Doudoroff, M. (1964) Depolymerisation of poly-

~hydroxybutyrate by an intracellular enzyme system. J. Bacteriol. 88, 60-71.

36. Meyer, A. (1903) Practical course in botanical bacteriology. Jena.

37. Mukhopadhyay, M., Patra, A., e Paul, A.K. (2005) Produção de poli (3-hidroxibutirato) e poli (3-hidroxibutirato-co-3-hidroxivalerato) por Rhodopseudomonas palustris SP5212. 1st Microbiol Biotechnol. 21, 765769.

38. Muller, RJ, Kleeberg, I. e Deckwer, W-D. (2001) Biodegradação de poliésteres com componentes aromáticos. 1st Biotechnol. 86, 87-95.

39. Oeding, V. e Schlegel, H. G. (1973) Beta-cetotiolase de *Hydrogenomonas eutropha* HI6 e seu significado para a regulação do metabolismo do poli-beta-hidroxibutirato. Biochem. J. 134, 239-248.

40. Poirier, Y., Nawrath, C. e Somerville, C. (1995) Production of polyhydroxyalkanoates, a family of biodegradable plastics and elastomers, in bacteria and plants. Biotechnology 13, 142-150.

41. Reddy, C. S. K., Ghai, R., Rashmi e Kalia, V. C. (2003) Polyhydroxyalkanoates: an overview. Biores. Techno. 87, 137-146.

42. Rivard, C., Moens, L., Roberts, K., Brigham, J. e Kelley, S. (1995) Starch esters as biodegradable plastics. Efeitos do comprimento da cadeia do grupo éster e do grau de substituição na biodegradação anaeróbia. Enzyme Microb. Techno. 17,

848-852.

43. Senior, P. J. e Dawes, E. A. (1971) Biossíntese de poli-13-hidroxibutirato e regulação do metabolismo da glucose em *Azotobacter beijerinckii*. Biochem. J. 125, 55-66.

44. Senior, P. J. e Dawes, E. A. (1973) A regulação do metabolismo do poli-f3-hidroxibutirato em *Azotobacter beijerinckii*. Biochem. J. 134, 225 -238.

45. Slepecky, R.A. e Law, J.H. (1961) Síntese e degradação do ácido poli-13-hidroxibutírico em associação com a esporulação de *Bacillus megaterium*. J. Bacterio. 82, 37-42.

46. Stapp, C. (1924) Über die Reserveinhaltsstoffe und den Schleim von *Azotobacter chroococcum*. Zentbl Bakteriol II. 61, 276-292.

47. Steinbuchel, A. (1991) Polyhydroxyalkanoic acids. In: Byrom, D. (ed.), *Biomaterials: Novel Materials from Biological Sources*. Stockton, Nova Iorque, pp. 124-213.

48. Steinbuchel, A. (1996) PHB e outros ácidos polihidroxialcanóicos. Em: Doi, Y. e Fukuda, K. (eds.), *Biodegradable Plastics and Polymers*. Elsevier. Science, Nova Iorque, pp. 362-364.

49. Steinbuchel, A. e Valentin, H. E. (1995) Diversidade de ácidos

polihidroxialcanóicos bacterianos. FEMS Microbiol Lett. 128, 219-228.

50. Williams, S. F. e Peoples, 0; P. (1996) Biodegradable plastics from plants. Chemtech. 26, 38-44.

51. Witt, D., Muller, R. J. e Deckwer, W-D. (1997) Biodegradation behaviour and material properties of aliphatic/aromatic polyesters of commercial importance (Comportamento de biodegradação e propriedades materiais de poliésteres alifáticos/aromáticos de importância comercial). J. Environ. Polym. Degrad. 15, 81-89.

52. Yellore. V. e Desia, A. (1998) Produção de poli-~-hidroxibutirato a partir de lactose e soro de leite por *methylobacterium* sp. ZP24. Lett. Appl. Microbial. 26, 391-94.

53. Yezza, A., Fournier, D., Halasz, A. e Hawari, J. (2006) Produção de polihidroxialcanoatos a partir de metanol por uma nova bactéria metilotrófica *Methylobacterium* sp. GW2. Appl. Microbiol. biotechnol. 73,211-218.

54. Anzai Y., Kim H., Park, J.Y., Wakabayashi H. (2000). "Afiliação filogenética de pseudomonadas com base na sequência de 16S rRNA". *Int J Syst Evol Microbiol 50:* 1563-89. PMID 10939664

55. Cornelis P (Editor) (2008). *Pseudomonas: Genómica e Biologia Molecular* (1ª Ed.). Caister Academic Press. ISBN 978-1-904455-19-6. ISBN 1904455190.

http://www.horizonpress.com/pseudo

56. Meyer JM, Geoffroy VA, Baida N, *et al.* (2002). "Siderophore Typing, uma ferramenta poderosa para a identificação de pseudomonadas fluorescentes e não fluorescentes". *Appl. Environ. Microbiol.* 68 (6): 2745-53. Doi: 10.1128/AEM.68.6.2745-2753.2002. PMID 12039729

57. Matthijs S, Tehrani KA, Laus G, Jackson RW, Cooper RM, Cornelis P (2007). "Thioquinolobactin, um sideróforo de Pseudomonas com atividade antifúngica e anti-Pythium". *Environ. Microbiol.* 9 (2): 425-34. doi: 10.1111/j. 1462-2920.2006.01154.x. PMID 17222140.

Índice

yes
I want morebooks!

Buy your books fast and straightforward online - at one of world's fastest growing online book stores! Environmentally sound due to Print-on-Demand technologies.

Buy your books online at
www.morebooks.shop

Compre os seus livros mais rápido e diretamente na internet, em uma das livrarias on-line com o maior crescimento no mundo! Produção que protege o meio ambiente através das tecnologias de impressão sob demanda.

Compre os seus livros on-line em
www.morebooks.shop

Printed by Books on Demand GmbH, Norderstedt / Germany